Anne-Ca
Vivet-Rémy

L'opéra grammatical

suivi de

Le juste mot

Chez le même éditeur

Collection Expression théâtrale

5 À 10 ANS

Des spectacles pour les enfants
Sous la direction de Denise Chauvel

8 À 12 ANS

Contes du monde au théâtre
Sous la direction d'Alain Héril et Dominique Mégrier

Don Quichotte et autres personnages
Sous la direction d'Anne-Catherine Vivet-Rémy

Pièces à déguster
Sous la direction de Dominique Mégrier

ISBN : 978-2-7256-2005-3

Les pièces de cet ouvrage ont été initialement publiés dans l'ouvrage
La grammaire en scènes, © Retz, 1995.

SOMMAIRE

Madame Phrasé a appris que monsieur Belcanto faisait passer des auditions pour recruter les chanteurs de son *Opéra grammatical*. Elle vient présenter ses neuf enfants : Interrogazioné, Exclamazioné, les triplés Sous, Pen et Sioné, Pounto, Virgoulé, les jumeaux Punti 1 et Punti 2.

Deux candidats, madame Gecétout et monsieur David Sonne, participent à un jeu télévisé. Mais ils se mettent à se chamailler et l'émission doit être interrompue.

Anne-Catherine Vivet-Rémy

Elle a fait plusieurs métiers : jeune, elle a été comédienne, puis formatrice aux usines Renault, enfin professeur de collège mais surtout mère de famille. Elle a cinq enfants auxquels, lorsqu'ils étaient petits, elle a lu des tonnes d'histoires. Ses trois filles et ses deux garçons sont devenus grands mais elle, elle n'a pas grandi : elle joue à l'école avec ses élèves, met en scène la grammaire et écrit des pièces et des livres pour la jeunesse.

L'opéra grammatical

Personnages :
La mère, les 9 enfants,
le metteur en scène,
l'assistante

Accessoires :
2 bancs,
un bureau

Mme Phrasé
Vous avez bien compris, les enfants ? Quand M. Belcanto arrive, levez-vous. Vous, les trois filles, Virgoulé, Interrogazioné et Exclamazioné, n'oubliez pas de faire une révérence. Vous, les garçons, inclinez la tête comme à la messe quand la petite cloche sonne.

Interrogazioné
Et quand est-ce qu'on lui chante notre chanson ?

Mme Phrasé
Oh ! Tu me fatigues avec tes questions, Interrogazioné ! Ne dites rien avant que je ne vous aie présentés. Rendez vous compte que vous allez peut-être être sélectionnés et...

Interrogazioné
C'est quoi être sectionnés ?

Exclamazioné, *haussant les épaules.*
Ce que tu peux être bête !

Mme Phrasé, *irritée.*
Être sé-lec-tion-nés et devenir célèbres : Paris, Broadway, Londres, New York...

Sous, pen et Sioné, *ensemble.*
Points de suspension à la fin de l'énumération.

Mme Phrasé, *imperturbable.*
Monsieur Belcanto, l'illustre metteur en scène, vient de découvrir les neuf nouvelles merveilles du monde ! Venez tous les écouter dans la nouvelle comédie musicale, *L'Opéra grammatical !*

Pounto
Point final !
(Il fait rebondir son ballon de foot d'un air décidé.)
Mais moi, je ne veux point chanter. Je préfère être sélectionné pour devenir champion de foot. Un point, c'est tout !...
(Il joue à nouveau avec son ballon. Devant l'air courroucé de tous les autres, il ajoute.)
... Et puis d'abord, quand on devient une vedette, on finit tout déglingouillé.

Exclamazioné, *levant les bras à la fin de chacune de ses phrases.*
Tu dis n'importe quoi ! Quand on est vedette, tout le monde nous aime ! On a plein d'amoureux ! On devient riche, célèbre et même incognito !

Interrogazioné
C'est quoi des cognitos ?

Virgoulé, *maternelle.*
Pas des cognitos, virgule, mais « incognito ». Cela signifie tenir secrète sa véritable identité, virgule, ce qu'ignore cette chère Exclamazioné.

Exclamazioné, *haussant les épaules.*
Pff !
(Depuis le début de la scène, Sous, Pen et Sioné manifestent une agitation qui va croissant. Sous se balance avec l'intention manifeste de faire basculer le banc en arrière. Pen et Sioné se sont approchés subrepticement des rideaux des coulisses auxquels ils se suspendent maintenant.)

Mme Phrasé, *excédée.*
Sous, Pen et Sioné, ça suffit ! Cessez de vous suspendre aux rideaux...
(Montrant sa main droite qu'elle agite d'un air menaçant.)
... Elle est pas fatiguée, celle-là.
(Les deux Punti sont restés jusque-là impassibles, le dos droit et les mains posées sagement sur leurs genoux.)

Punti 1, *se levant très droit.*
Elle est fâchée.
(Il se rassied.)

Mme Phrasé
Pas de commentaires, s'il vous plaît, les deux Punti.

Virgoulé
Chère maman, virgule, je propose que nous revenions au calme et, par là même, à nos moutons, virgule, et qu'en attendant de passer notre audition, virgule, puisque monsieur Belcanto n'est pas encore là, virgule...

Mme Phrasé
Virgoulé, je t'en prie, achève ta phrase.

Pounto
Point final.

Mme Phrasé
Mais Pounto, voyons ! La phrase n'est pas encore terminée. Quant à toi, Virgoulé, sois plus brève.

les deux Punti, *se levant ensemble.*
Virgoulé reprend : deux points, ouvrez les guillemets.
(Ils se rassoient.)

Virgoulé, *vexée.*
Je propose donc que nous répétions.
(Aussitôt, tous les enfants se précipitent sur le devant de la scène et commencent à chanter dans la plus grande cacophonie.)

Mme Phrasé, *hurlant.*
Silence ! Asseyez-vous tous à vos places !

Exclamazioné
Moi, moi ! C'est moi qui commence la première !

Mme Phrasé, *la bâillonnant.*
Exclamazioné, calme-toi !

Sous, Pen et Sioné
(Assis de force par Virgoulé, ils prennent une voix geignarde et monocorde.)
Ben oui, pourquoi ce serait...
(Ils laissent leur phrase en suspens.)

Pounto, *avec fermeté.*
Moi, je pars voir le match de foot à la télé, un point, c'est tout. Je parie pour la Juventus.

Sous, Pen et Sioné, *ensemble et sans achever leur phrase.*
Et pourquoi ce serait la Juventus qui...

Punti 1
Monsieur Belcanto arrive : ...

Punti 2
... deux points, ouvrez les guillemets.

M. Belcanto, *sur un ton paternel.*
Bonjour les enfants. Ça va ? Pas trop intimidés par monsieur Belcanto ?
(Puis, apercevant Sous, Pen et Sioné qui ont profité de son arrivée pour retourner se suspendre aux rideaux...)
... Je vois que non. Eh vous, les trois petits là-bas !

Mlle Grammatica, *suivant monsieur Belcanto comme son ombre, et se tordant les pieds avec ses hauts talons.*
J'écris, monsieur Belcanto ?

M. Belcanto
Pas encore, mademoiselle Grammatica ! Pas encore ! Les trois petits... oui, vous. Approchez.
(Sous, Pen et Sioné approchent, l'air penaud. Arrivés en face de monsieur Belcanto, ils baissent la tête.)

M. Belcanto
Eh bien ! Qu'est-ce qui vous arrive ?

Sous, *la tête penchée.*
Maman nous a dit...

Pen, *même attitude.*
... de baisser la tête...

Sioné, *même attitude.*
... comme à la messe.

Mlle Grammatica
J'écris, monsieur Belcanto ? J'écris ?

M. Belcanto, *l'ignorant.*
Votre maman est là ?
(Madame Phrasé apparaît alors. Elle était, jusque-là, agenouillée avec Virgoulé, occupée à moucher l'un, reculotter l'autre, rabattant la mèche du troisième et tentant de faire taire Exclamazioné et Interrogazioné.)

Mme Phrasé, *en s'approchant, et d'une voix modeste.*
C'est moi, monsieur Belcanto. Je suis madame Phrasé et voici mes neuf enfants : mes triplés, Sous, Pen et Sioné, les jumeaux, Punti 1 et Punti 2, Pounto...
(Tout bas à Pounto.)
Veux-tu cacher ce ballon !
(Elle poursuit la présentation.)
... Exclamazioné *(celle-ci fait la charmante),* Interrogazioné *(qui lève le doigt pour poser une question mais le baisse aussitôt devant le froncement de sourcils maternel).* Et, enfin, mon aînée, Virgoulé.

Virgoulé, *faisant la révérence.*
Enchantée, virgule, monsieur Belcanto.

Pounto
Point final.

M. Belcanto
Vous avez là une bien belle famille, madame Phrasé. Bon, nous allons commencer l'audition.

Mlle Grammatica
Je note, monsieur Belcanto, je note ?

M. Belcanto, *en s'asseyant.*
Eh bien ! Commençons par nos trois lascars.
(Sous, Pen et Sioné se mettent au garde à vous l'un derrière l'autre. Madame Phrasé, discrètement, s'est glissée derrière monsieur Belcanto et fait le chef d'orchestre.)

Sous, Pen et Sioné, *chantant ensemble sur l'air de « Auprès de ma blonde ».*
Oui nous nous présentons,
Les trois points de suspension.
Jamais nous ne nous sé...
Ne nous-ou sé-pa-a-rons.

La parole arrêtons, marquons l'hésitation,
Nous avons pour fonction
D'marquer le flou de la suspension.
Oui, c'est notre fonction *(prononcer « fonctioné »)*
À nous, Sous, Pen et Sioné.
(Ils bissent la chanson. Tandis qu'ils chantent, leurs frères et sœurs marquent le rythme, frappent dans leurs mains, reprennent en écho à la façon des negro spirituals. Monsieur Belcanto, pris par le rythme, continue à fredonner l'air et à claquer des doigts.)

Mlle Grammatica
Je note, monsieur Belcanto ?

Exclamazioné, *charmeuse, s'approchant.*
À moi, à moi, s'il vous plaît, monsieur Belcanto !

M. Belcanto
Rappelez-moi votre nom ?

Exclamazioné, *avec une révérence.*
Exclamazioné.

M. Belcanto
Quel enthousiasme ! Allez, c'est parti !

Exclamazioné, *chantant sur l'air de « Alouette, gentille alouette ».*
Je m'exclame,
Point d'exclamation !
Tu t'exclames !
J'te prie, mets le ton !
Mets le ton, mets le ton !
Grâce à l'exclamation.

Tu ordonnes,
Vite exécution !
C'est l'extase,
Quelle satisfaction !
Plusieurs utilités,
Pour Exclamazioné !
La la la
La la la la la la...
Monsieur Belcanto essaie de l'interrompre.

M. Belcanto
Très bien, madem...

Exclamazioné
La la la la...

M. Belcanto
Quel entrain ! Quel « peps » ! Mais écoutons maintenant ces deux garçons qui m'ont l'air bien timides. Approchez, mes enfants, approchez. Vous vous appelez ?

(Les deux Punti s'approchent d'un air gauche en se tenant par la main.)

Punto 2
Mon frère, Punti 1.

Punti 1
Punti 2, mon frère.

M. Belcanto
Je vous écoute.

les deux Punti, *se balançant et chantant sur l'air de « À la claire fontaine ».*
Nous sommes toujours deux,
Comme les amoureux.
Oui c'est nous les deux points,
Nous annonçons quelqu'un.
(Refrain)
Nous débutons un dialogue,
Alors les mots coulent à flots.

Nous annonçons quequ'fois
Une énumération.
Et même parfois
Une explication.
(Refrain)

Nous sommes toujours tous les deux,
Ainsi vont les amoureux.
(Aussitôt leur chanson terminée, tous deux vont se cacher modestement derrière Virgoulé.)

M. Belcanto
Bravo, les enfants ! C'est excellent tout ça. Vous avez noté, mademoiselle Grammatica ?

Mlle Grammatica, *sursautant, car elle n'avait rien noté du tout, tout absorbée à écouter les deux Punti.*
Oui... oui. Je note, monsieur Belcanto. Je note.

Interrogazioné
C'est à moi maintenant, maman ? *(Elle pleurniche devant l'air indécis de sa mère.)* Et quand ce sera à moi, alors ?

M. Belcanto, *compréhensif.*
À toi, ma belle enfant. Je t'écoute.

Interrogazioné, *époussettant sa robe, s'éclaircissant la voix, faisant une révérence, puis se tournant vers sa mère.*
J'y vais, maman ? *(À mademoiselle Grammatica.)* Est-ce que vous notez, mademoiselle Grammatica ?
(À chanter sur l'air de « Colchique dans les prés », en prenant un ton bébé et pointu.)
Point d'interrogation.
À la fin d'une question,
J'interroge, je questionne,
Je fais chanter le ton.
(Refrain)
Je ponctue les phrases, les interrogatives.
Grave, vraiment très grave sera mon omission.

Et pourquoi et comment ?
J't'en prie réponds-moi.
Quand j'te pose une question,
J'veux une explication.
(Refrain)
Je ponctue les phrases, les interrogatives.
Grave, vraiment très grave sera mon omission.

Mlle Grammatica, *battant des mains.*
Bravo, Interrogazioné ! J'ai tout noté.

Interrogazioné, *à monsieur Belcanto.*
Alors, vous nous engagez ?

M. Belcanto
Ça te plairait de chanter dans mon opéra ?

Interrogazioné
Y'aura mon nom à moi sur les affiches ?

M. Belcanto
Bien sûr. Mais... au tour de cette charmante demoiselle.
Mademoiselle... ?

Virgoulé, *confuse et timide.*
Virgoulé, virgule, monsieur Belcanto.

Mlle Grammatica, *peu à peu gagnée par l'excitation.*
Je suis tout ouïe !

M. Belcanto, *surpris.*
Notez, mademoiselle Grammatica ! Notez !

Virgoulé, *chantant sur l'air de « Ah! vous dirai-je maman ».*
Ah! vous dirai-je les enfants,
Comme mon rôle est important,
J'me présente, j'suis la virgule,
Dans la phrase, je déambule,
Je sers de séparation dans une énumération.
(Les deux couplets suivants sont à reprendre sur l'air des trois dernières phrases.)
Sachez aussi les enfants,
Que j'sépare les compléments
Du sujet qu'est pas devant.
Quand vous dites papa, maman,
Quand vous appelez votre prof,
Moi, j'encadre les apostrophes.

M. Belcanto
Superbe! Superbe! Quelle voix! Madame Phrasé, je vous fais mes compli...

Pounto, *l'interrompant.*
Bon, ben moi, je pars. Surtout ne me retenez pas.

M. Belcanto
Ah, j'oubliais ce garçon. Où avais-je la tête?
(Regardant le ballon. Puis, de l'air d'un magicien). Mon petit doigt me dit que tu aimes le foot, toi, pas vrai?

Pounto
Justement. Y'a un match à la télé et je ne veux pas le manquer.

M. Belcanto
Écoute : tu nous chantes ta chanson et après je te laisse filer. D'accord?

Pounto, *chantant sur l'air des « Trois jeunes tambours ». À chaque « ran pa ta plan », il fait rebondir son ballon.*
J'ponctue les phrases.
Les phrases déclaratives.
J'ponctue les phrases.
Les phrases déclaratives,
Et ri et ran ranpataplan,
Affirmatives et négatives.
J'suis le point final,
Celui qu'vous appréciez.
J'suis le point final,
Qui conclut la dictée.
Et ri et ran ranpataplan,
Qui dit qu'c'est terminé, é, é.

Mlle Grammatica, *au comble de l'excitation et battant des mains.*
Bravo ! Super !

M. Belcanto
Mademoiselle Grammatica, je vous en prie ! Un peu de tenue.
(Se tournant vers madame Phrasé.)
Extraordinaire ! Madame Phrasé, je les engage ! Oui, tous. Absolument tous. Et je leur propose aussi de passer à la télévision. Dans l'émission de ce cher Jacques Potin. Vous savez, le dimanche après-midi.
(Les enfants affichent leur joie.)

Exclamazioné
Super ! Pour monsieur Belcanto, atchik, atchik ?

tous
Aille-aille-aille !

Exclamazioné
Je vais avoir plein d'amoureux !

Interrogazioné
Et moi, est-ce que...

Virgoulé
Veuillez agréer, virgule, monsieur Belcanto, virgule, tous nos remerciements.

Mme Phrasé, *prenant dans les siennes les deux mains de monsieur Belcanto.*
Comment vous remercier...

Sous, Pen et Sioné, *ensemble.*
Points de suspension.

Pounto
Non, c'est terminé. Point final.

les deux Punti, *ensemble.*
Fermez les guillemets.
(Les enfants, madame Phrasé en tête, forment une farandole et chantent ensemble sur l'air de « Nous n'irons plus au bois ».)
Espérons les enfants,
Qu'jamais vous n'oublierez,
La belle Virgoulé
Et Exclamazioné.
Ret'nez, ret'nez bien,
Interrogazioné,
Ret'nez, ret'nez,
Les triplés Sous, Pen et Sioné.

Espérons les enfants,
Qu'jamais vous n'oublierez,
De mettre les deux points
Avant les guillemets.
Ret'nez, ret'nez bien,
Que c'est très important
D'placer, d'placer
L'point entre chaque nouvelle idée.

(Sur le même air que la dernière phrase.)

Point final, c'est terminé !

RIDEAU

Le juste mot

Personnages :
Le présentateur du jeu,
Madame Gecétout,
Monsieur David Sonne

Accessoires :
2 tables, 1 outil,
2 poussoirs
(« champignons »),
des fiches bristol

le présentateur, *s'adressant au public.*
Mesdames, mesdemoiselles, messieurs, bonjour !
(Il attend une réponse du public, et poursuit.)
Merci d'être fidèles à notre émission « Le juste mot ».
Aujourd'hui, nous accueillons deux nouveaux candidats.
Tout d'abord, madame Gecétout, qui est institutrice. Et monsieur David Sonne qui... ?

M. David Sonne
Adore les motos.
(Il fait semblant d'être à moto.)
Vroum... vroum... vroum...

le présentateur
On les applaudit très fort.

Mme Gecétout, *interrompant les applaudissements.*
Un peu de silence, les enfants...
(Elle se tourne vers le présentateur.)
... Je tenais à vous dire que votre émission est passionnante. Je la regarde tous...

M. David Sonne
Ben moi, je profite que je passe à la télé pour embrasser tata Huguette, tonton Jules. J'oublie pas non plus Pépère et Mémère aussi...

le présentateur
Bien sûr, bien sûr, mais commençons à jouer. Vous connaissez, je pense, la règle de notre jeu. Je vous pose une question, et lorsque vous connaissez la réponse, vous appuyez sur le champignon placé devant vous.

M. David Sonne
Le champignon, ça me connaît !
(Il fait le geste d'accélérer.)
Vroum... vroum... vroum...

Mme Gecétout, *d'un air pincé, la bouche « en cul de poule ».*
Un peu de calme, jeune homme. Je n'arrive pas à me concentrer.

le présentateur
Aujourd'hui, il s'agit de trouver le mot féminin correspondant au mot masculin que j'annoncerai.

Mme Gecétout
Si j'ai bien compris, le juste mot porte aujourd'hui sur la catégorie grammaticale du genre.

le présentateur
Exactement, madame Gecétout.

M. David Sonne
Sur le sexe des mots, quoi !

Mme Gecétout, *outrée.*
Quel langage !

le présentateur
Mais attention. Je glisserai parfois des mots qui n'ont pas de féminin. Vous devrez alors rester cois.

M. David Sonne
Quoi ?

Mme Gecétout, *l'air supérieur.*
Cois...
(Devant l'air ahuri de monsieur David Sonne.)
... silencieux, quoi !

le présentateur
Vous êtes prêts ?

M. David Sonne, *penché sur sa table, qu'il empoigne comme un guidon de moto.*
C'est parti ! Vroum... vroum... vroum...

Mme Gecétout
Un peu de silence ! Je dois me concentrer.

le présentateur
Commençons par une question facile. Si je vous dis « lion »...

Mme Gecétout, *appuyant sur son champignon.*
Lionne, car les masculins en -on font leur féminin en -onne.

le présentateur
Bravo ! Quelle rapidité ! Qu'y a-t-il, monsieur David Sonne ?

M. David Sonne. *Il bricole son champignon avec une pince sortie de sa poche.*
J'avais oublié de mettre le starter.

le présentateur
Ce n'est pas une course de motos, monsieur David Sonne. Tout juste une course aux mots.

Mme Gecétout, *à monsieur David Sonne.*
Concentrez-vous un peu.

le présentateur, *qui sort une nouvelle fiche.*
Un bonbon ?

M. David Sonne
Une bonbonne !
(Au public.)
Vous avez vu ? Avec le starter !

le présentateur
Je suis désolé, c'est faux.

M. David Sonne
C'est faux ? Elle a dit que -on, ça faisait -onne.

le présentateur
Oui, mais le mot bonbon n'a pas de féminin. Et maintenant... fou ?

M. David Sonne, *en regardant madame Gecétout.*
Folle !
(Au public.)
C'est pas difficile, j'avais la réponse sous les yeux !

Mme Gecétout
Soyez poli, jeune homme ! Qu'est-ce que je vous ai fait ?

le présentateur
Le cou ?

M. David Sonne
La colle ! Elle est bien cette moto, elle démarre au quart de tour.

Mme Gecétout
Pfff ! Les adjectifs en -ou font leur féminin en -olle mais le cou n'a pas de féminin. On se demande où vous êtes allé à l'école.

M. David Sonne, *faisant une grimace à sa voisine.*
À l'« écou » où on me donnait des colles !

le présentateur
Du calme, du calme ! N'en venez pas aux coups tout de même. Ce n'est qu'un jeu. Si je vous dis « lapin ».

Mme Gecétout
Lapine !

le présentateur
Félicitations, madame Gecétout.

Mme Gecétout
Je n'ai pas de mérite. Mon grand-père avait une ferme.

M. David Sonne, *toujours à califourchon sur sa moto imaginaire.*
J'ai dû m'arrêter, il y avait un stop. C'était facile pourtant.

Mme Gecétout, *avec un air supérieur.*
Je n'ai pas de moto, moi, mais je vous devance.

M. David Sonne, *mettant des lunettes noires et se penchant encore plus sur sa moto imaginaire.*
Vroum... vroum... vroum... Qui vivra verra, comme disait mon grand-père.

le présentateur
Nous sommes à la moitié du jeu. Concentrez-vous. Si je vous dis « mandarin »?

M. David Sonne
Mandarine!

le présentateur
Hélas! non. Ce mot, qui désigne...

Mme Gecétout
Un fonctionnaire dans la Chine ancienne.

le présentateur, *admiratif.*
C'est exact. Mandarin, donc, qui désigne également un personnage important, n'a pas de féminin, monsieur David Sonne.
(Il sort une nouvelle fiche.)
Un adjectif un peu difficile maintenant: « bigot »?

Mme Gecétout
Bigote!

le présentateur
Remarquable!

Mme Gecétout
J'ai pas de mérite. Ma grand-mère l'était.

M. David Sonne, *surgissant de sous la table en s'essuyant les mains.*
J'ai compris : j'avais plus d'essence. Je viens de faire le plein.

le présentateur, *levant les yeux au ciel.*
Si je vous dis: le « culot ».

M. David Sonne
La culotte!
(Il flatte l'échine de sa prétendue moto.)
Ça va mieux, hein cocotte? Donnez-lui du gasoil et elle repart!

Mme Gecétout
Mais elle ne sait pas que, si les adjectifs en -ot font leur féminin en -otte, le mot culot n'a pas de féminin.

M. David Sonne
Occupez-vous de votre culotte, vous!

Mme Gecétout
Je vous prie d'être correct, jeune homme!

le présentateur
Monsieur, madame, voyons. Il y a des enfants dans la salle. Reprenons... Si je vous dis: le « paon », P, A, O, N?

M. David Sonne
La panne!
(Il s'adresse à sa moto.)
En tout cas, nous, on ne la risque plus.

Mme Gecétout
La panne d'intelligence, si!

le présentateur
Faux, monsieur David Sonne. On dit paon femelle et non « paonne ». Encore bravo, madame Gecétout.

Mme Gecétout
Je n'ai pas de mérite, mon grand-père était paysan et ma grand-mère...

M. David Sonne
Bigote, vous l'avez déjà dit !

Mme Gecétout, *poursuivant sa phrase.*
... paysanne.
(Puis, se tournant vers monsieur David Sonne.)
Tous les mots en -an ne font pas leur féminin en -anne, cher ami.

M. David Sonne
Je ne suis pas votre ami.

le présentateur
Une petite pause de quelques secondes. J'en profite pour donner au public les résultats de nos deux candidats. Madame Gecétout est actuellement en tête avec huit bonnes réponses, monsieur David Sonne la suit loin derrière avec une seule bonne réponse. Attention, car le rythme va s'accélérer. Prêts ?... « Sot » ?

Mme Gecétout
Sotte.

M. David Sonne
On ne vous le fait pas dire.

le présentateur
« Idiot » ?

M. David Sonne, *en regardant madame Gecétout.*
Idiote !

le présentateur
Un « croc » ?

M. David Sonne
Une crotte !

Mme Gecétout
Pfff !

M. David Sonne
Ça va vous ! J'ai pris mon virage un peu vite.

le présentateur
Non, monsieur David Sonne. Le mot croc n'a pas de féminin. L'émission est presque terminée. Dépêchons-nous, monsieur David Sonne. Vous êtes loin derrière. Nous repartons. « Jumeau » ?

Mme Gecétout
Jumelle.

le présentateur
« Chameau » ?

M. David Sonne, *en regardant madame Gecétout.*
Chamelle.

le présentateur
Bravo !

M. David Sonne, *en regardant d'un air mauvais madame Gecétout.*
Je n'ai pas de mérite, c'était le surnom qu'on avait donné à notre institutrice.

Mme Gecétout
Je vous prie d'être poli...
(Elle s'adresse au public.)
... et vous un peu de silence. Je dois me concentrer.

M. David Sonne
De tomates.

Mme Gecétout
Cela ne fait rire que vous.

le présentateur
Je remarque que monsieur David Sonne amorce une remontée spectaculaire. « Beau » ?

Mme Gecétout
Belle.

M. David Sonne
En tout cas pas vous !

Mme Gecétout
Mufle !

le présentateur
« Chapeau » ?

M. David Sonne
Chapelle !

le présentateur
Quel dommage, monsieur David Sonne ! « Chapeau » n'a pas de féminin.

Mme Gecétout
Au lieu de traiter votre institutrice de « chamelle », vous auriez mieux fait d'écouter en classe.

M. David Sonne
Mêlez-vous de vos affaires.
(Montrant sa moto au public.)
Il faudrait que je la fasse réviser.

Mme Gecétout
Vous avez raison. Ce n'est plus une moto mais un pousse-pousse.
(Tout au long des répliques qui suivent, le présentateur tourne mécaniquement la tête d'un côté puis de l'autre comme s'il assistait à un match de tennis.)

le présentateur
Madame !

M. David Sonne
Et vous une mandarine !

le présentateur
Monsieur !

Mme Gecétout
Insolent ! Au piquet !

le présentateur
Madame !

M. David Sonne
Gardez votre piquette !

le présentateur
Vous allez trop vite. Je n'arrive plus à compter les points !

Mme Gecétout, *tirant la langue à monsieur David Sonne.*
Je suis la première, petit roquet !

M. David Sonne
Ça m'est égal, méchante roquette !

Mme Gecétout
Vous avez l'air malin agrippé à votre manche à balai !

M. David Sonne
Balai ? Baleine à moustaches !

le présentateur, *adressant de grands signes aux machinistes du fond de la salle.*
Coupez ! Coupez !

Mme Gecétout
Gredin !

M. David Sonne
Grenadine à l'huile !

le présentateur, *d'une voix forte.*
Coupez !

Mme Gecétout, *hurlant.*
Voyou !

M. David Sonne, *hurlant aussi*
Voyelle !
(La scène est brusquement plongée dans le noir. On entend alors la voix sucrée d'une présentatrice.)

La présentatrice
Nous sommes vraiment désolés de cette interruption. Dans quelques instants la suite de notre programme.

RIDEAU

Collection « Petits comédiens »

6/8 ANS

C'est Kiki et autres sketches
François Fontaine

Coccinelle, Demoiselle et autres sketches
Brigitte Saussard

L'anniversaire de Sardinette, Kiritimati
Jean-Louis Sauzade

8/10 ANS

Le problème, Le discours
Christian Lamblin

L'affaire Barbe-Bleue, Un bandit qui retourne sa veste
Yak Rivais

L'opéra grammatical, Le juste mot
Anne-Catherine Vivet-Rémy

Conception : Sarbacane
Réalisation : Arts Graphiques Drouais
Illustrations : Henri Danzin

N° de projet : 10184669 - Janvier 2012 - Dépôt légal : mars 2000
Imprimé en France par l'imprimerie France Quercy à Mercuès - N° 12039